DE L'ÉLECTRICITÉ DES VÉGÉTAUX

PARTIE III

L'ÉLECTRO-VÉGÉTOMÈTRE

Abbé Pierre-Nicolas Bertholon
de Saint-Lazare

Collection *Électroculture*

- *Electroculture*, Justin Christofleau (1925)
  (éditions en français et en anglais)

- *Electroculture, the Application of Electricity to Seeds in Vegetable Growing*, Alexander Carr Bennett (1921)

- *Electricity in Agriculture and Horticulture*, Prof. Selim Lemström (1904)

- *Essais d'électroculture - Œuvres complètes*, Fernand Basty

- *De l'Influence de l'électricité sur les végétaux*, Frère Paulin (1892)

www.electroculture-books.com

Talma Studios
111, avenue Victor-Hugo
75784 Paris cedex 16 – France
www.talmastudios.com
info@talmastudios.com

ISBN : 979-10-96132-53-9
EAN : 9791096132539
© Tous droits réservés

DE L'ÉLECTRICITÉ DES VÉGÉTAUX

PARTIE III

L'ÉLECTRO-VÉGÉTOMÈTRE

Abbé Pierre-Nicolas Bertholon
de Saint-Lazare

Introduction

De l'Électricité des végétaux de l'abbé Pierre-Nicolas Bertholon de Saint-Lazare est un livre précurseur et majeur, qui va inspirer toute l'électroculture française du XIXe siècle jusqu'au début du XXe, avec, notamment, Frère Paulin, le lieutenant Fernand Basty, Justin Christofleau..., dont nous avons publié les travaux dans notre collection *Électroculture*.

Nous avons choisi de n'en publier que la troisième partie, car les deux premières sont denses et longues, et font clairement leur âge, c'est-à-dire sont des écrits du XVIIIe siècle dans lesquels le lecteur d'aujourd'hui y trouverait peu d'intérêt.

En revanche, cette dernière partie, qui n'est pas titrée, est intéressante, car l'abbé Bertholon y présente l'appareil qu'il a inventé pour générer de l'électricité dans les champs et les jardins afin d'augmenter les productions, mais aussi combattre les insectes nuisibles, déjà un fléau à l'époque.

Nous reproduisons aussi les planches illustrées qui accompagnent l'édition originale.

Bonne lecture !

Au Roi

Sire,

Le règne de Votre Majesté sera à jamais célèbre dans nos annales par le grand nombre d'établissements utiles qu'elle a déjà faits, et par ceux quelle se propose de faire dans des circonstances plus favorables. Il en est un surtout qui porte, d'une manière particulière, l'empreinte de l'utilité publique, et dont on est redevable à la sagesse éclairée des principes qui dirigent Votre Majesté : c'est la création des chaires de physique expérimentale, d'histoire naturelle et de chimie, que les États-Généraux d'une de vos plus belles provinces viennent d'obtenir. Déjà, d'autres administrations sont déterminées à suivre cet exemple, et la France, si heureuse sous votre règne, va le devenir davantage par l'influence des lumières que donnent toujours les arts d'expérience.

Les siècles les plus brillants que les fastes du monde nous présentent, sont, sans contredit, ceux d'Alexandre, d'Auguste, des Médicis et de Louis XIV, où les lettres furent portées à un degré de gloire étonnant ; j'ose dire que ce sont ceux où les causes du bonheur public ont eu le plus d'influence ; elles en auront, Sire, une encore plus grande dans le siècle qui portera votre nom.

Sans parler de tant d'actions et de justice et de bienfaisance, de tant de monuments utiles et à jamais durables qu'on doit à Votre Majesté, je me contenterai d'avancer que la physique qui, sous Louis le Grand, ne fut guère employée qu'à des objets de magnificence, et sous votre auguste Aïeul[1] à ceux de luxe et de curiosité, a pris enfin, Sire, depuis que vous êtes monté sur le trône, un caractère d'utilité propre à faire éclore les germes de la félicité.

C'est pour suivre les vues du bien public, qui fait la passion de Votre Majesté, que mes travaux ont été dirigés vers ce but dans plusieurs ouvrages que j'ai mis au jour, principalement dans *L'Électricité du corps humain*, que j'ai eu l'honneur de vous présenter, Sire, et dans celui de *L'Électricité des végétaux*, que vous m'avez permis de faire paraître aujourd'hui sous vos auspices. Cette dernière production, entièrement neuve par son objet et par le développement d'un grand nombre de vérités intéressantes, dans laquelle je considère l'influence de l'électricité et ses

---

1. N.d.É. : Louis XV.

effets sur ces nombreuses familles de végétaux qui peuplent l'univers et sont une ressource si essentielle à nos besoins, contient, je ne crains pas de le dire, une grande découverte, puisqu'elle est d'une grande utilité pour la haute agriculture, science nécessairement liée à la physique ; je veux parler de l'invention de l'électro-végéto-mètre où mes recherches m'ont conduit. Je la crois digne, Sire, des regards de Votre Majesté. Puisse-t-elle justifier le choix dont je viens d'être honoré !

Je suis, avec le plus profond respect,

Sire,
de Votre Majesté

Le très humble et très obéissant
serviteur et fidèle sujet,

l'Abbé Bertholon,
de Saint Lazare.

Préface

L'accueil favorable que le Public a fait au *Traité de l'Électricité du corps humain*, en état de santé et de maladie, déjà traduit en langues étrangères, m'a déterminé à mettre au jour l'ouvrage de *L'Électricité des végétaux*, qui peut en être regardé comme une suite, et qui complète l'électricité des corps organisés. En effet, les principes établis relativement au corps de l'homme peuvent être appliqués aux animaux des différentes familles qui forment ce règne, le plus parfait de tous. Ces divers êtres ont tous un corps composé de plusieurs organes, très semblables aux nôtres : ils exercent les mêmes fonctions animales et vitales ; chez eux la respiration s'exécute de la même manière ; la circulation, la digestion, les sécrétions, etc. s'opèrent par les mêmes ressorts. Les lois auxquelles ils sont soumis ne diffèrent pas essentiellement quant à leur substance matérielle, seul objet dont la physique s'occupe. Les causes qui troublent l'harmonie du corps humain altèrent aussi l'économie des animaux, et les remèdes peuvent être choisis dans les mêmes classes ; ainsi, tout ce qui convient au premier doit être dit des derniers.

C'est afin d'éviter des répétitions non moins inutiles que fastidieuses, que nous avons choisi pour exemple de l'électricité animale le corps de l'homme, celui, sans contredit, qui par l'ensemble de toutes ses qualités mérite de tenir le premier rang dans la nombreuse classe des animaux. Les rapports particuliers et les considérations propres à quelques espèces ont été traités dans un des chapitres de notre ouvrage, auquel nous aurions pu absolument donner le titre général de *L'Électricité animale*.

Après le corps humain et les animaux, les plantes devaient être examinées d'une manière spéciale ; elles méritaient d'autant plus de l'être qu'on ne s'en était presque pas occupé, car deux ou trois expériences et observations isolées sont tout ce qu'on peut citer. Nous avons donc été obligés de créer, en quelque sorte, une nouvelle science, *l'électricité végétale*, de la considérer sous tous ses rapports, et principalement relativement à ceux qui tiennent à la grande électricité, celle de l'atmosphère, trop peu connue, ou, si l'on veut, trop peu cultivée.

L'existence et l'influence de ce fluide merveilleux sur les végétaux étant établies de la manière, on ose le dire, la plus convaincante, c'est-à-dire, par la nature et les propriétés du fluide électrique, par celle des divers météores qui en dépendent, par la vertu conductrice de l'immense quantité d'eau et de vapeurs répandues dans l'atmosphère et dont on présente le calcul, par celle qui est contenue si abondamment dans les végétaux et à laquelle ils doivent la propriété de transmettre la matière électrique, par la structure et l'organisation des plantes, et, enfin, par les effets que l'électricité naturelle et artificielle produisent constamment. Ces vérités étant démontrées par un enchaînement de preuves nouvelles, nous avons étendu nos recherches sur les nombreux effets de cette électricité atmosphérique sur les plantes.

C'est ici que nos expériences et nos observations sont portées sur toute l'économie végétale : sur la germination, sur la production des feuilles et des rameaux, sur celle des fleurs et des fruits, et sur leur multiplication, considérées dans les lieux et dans les temps favorables à l'électricité, et comparées avec ceux qui ne sont pas dans cette circonstance. L'influence de l'électricité respectivement à la fluctuation de la sève, à la nutrition, à l'accroissement, aux sécrétions et à la reproduction des plantes ; cette influence sur leurs mouvements essentiels et accidentels, généraux et particuliers ; sur leurs qualités différentes, telles que l'odeur, la saveur, les couleurs, la lumière ; sur les matières constituantes des végétaux, l'influence de l'électricité sur les terres, spécialement sur la terre végétale, sont encore des objets principaux que nous traitons dans la seconde partie.

On sent bien que nous n'avons pas oublié de considérer le fluide électrique fixe des végétaux, l'électricité négative dans les plantes, et plusieurs autres vérités utiles, comme les vertus électrico-nutritives et médico-électriques des végétaux, surtout relativement aux maladies qui dépendent d'une plus ou moins grande quantité de fluide électrique. Sur ce simple exposé, le Lecteur instruit ne peut manquer de s'apercevoir du nombre de découvertes intéressantes, d'expériences et d'observations vraiment nouvelles que contiennent les deux premières Parties de cet ouvrage, dont le détail ne peut être présenté dans un précis, et où nous avons tâché de faire régner, autant qu'il nous a été possible, de la clarté, de la précision, une bonne méthode, et principalement une rigoureuse dialectique, qualités qui ne sauraient être trop appréciées lorsqu'on traite des matières de science.

Tous ces objets forment le fondement de la troisième Partie, qui est surtout entièrement neuve, puisqu'elle présente des moyens de pratique que peut fournir l'électricité pour l'accroissement et la multiplication des végétaux. Ce fluide étonnant, que nous nommons froidement le fluide électrique, qui joue un si grand rôle dans ce vaste univers, particulièrement dans le règne végétal, est tantôt dans un état positif et tantôt dans un état négatif ; quelquefois il est surabondant dans l'atmosphère ou dans la terre, d'autrefois il y est par défaut.

Pour ramener toutes nos connaissances dans cette brillante partie de la physique à des objets d'utilité, il fallait trouver des moyens de remédier à ces deux excès et de rétablir l'équilibre ; idée hardie, avec laquelle les découvertes du dix-huitième siècle doivent nous réconcilier. C'est par l'invention de l'*électro-végéto-mètre* que j'en suis venu à bout, découverte, si j'en crois des amis éclairés, qu'on peut regarder comme une des plus utiles qui ait encore été faite en physique. Il faut voir dans les trois premiers chapitres de cette dernière Partie, combien sont simples et efficaces les autres moyens que nous avons prescrits et employés. Les maladies des plantes n'y sont pas oubliées ; un tableau général de ces infirmités végétales, une discussion méthodique et raisonnée de ces différentes affections, avec les moyens de pratique de les soumettre à l'électricité, constituent encore une partie neuve, dont l'ensemble ne paraît laisser rien à désirer, le secours des figures ayant surtout été employé pour une plus parfaite intelligence du sujet.

Des voyages et quelques occupations honorables dont j'ai été chargé m'ont empêché de mettre plus tôt la dernière main à cet ouvrage. J'espère que *L'Électricité des minéraux*, que je me propose de publier, ne se fera pas si longtemps attendre. Cette production, et les deux précédentes, bien propres à montrer comment on peut saisir la chaîne des rapports qui unissent les différents êtres, formeront un *Traité complet de l'Électricité appliquée aux trois règnes de la nature*. Ce sujet est encore plus difficile que ceux qui, jusqu'à présent ont été considérés ; mais les obstacles, loin de décourager ceux qui ont la passion des sciences, ne font qu'exciter en eux une nouvelle ardeur pour en triompher.

De l'Électricité des végétaux

Les différentes espèces de plantes qui couvrent et embellissent la surface de notre globe sont bien capables d'exciter la curiosité et l'intérêt le plus vif, en étalant à nos regards la plus riche parure, celle d'une verdure toujours nouvelle ; en nous présentant tour-à-tour une multitude de fleurs dont nos champs sont émaillés ; fleurs dont la beauté est si touchante, le coloris si tendre, les teintes si variées, les nuances si douces, les panaches si brillants, les figures si ravissantes par la régularité de leurs traits, la légèreté, l'élégance et la majesté d'un port éclatant ; en nous offrant des fruits nombreux, si frappants par la richesse de leurs couleurs, le vermeil de leur pourpre, l'odeur exquise et les doux parfums qu'ils exhalent à l'envi, et surtout par une saveur délicieuse, par la finesse et l'éclat d'une robe superbe, une fraîcheur admirable et des formes arrondies avec grâce, qui charment l'œil en invitant la main.

Ces végétaux si utiles et si propres à satisfaire des besoins sans cesse renaissants, après avoir longtemps occupé l'attention des naturalistes, méritent singulièrement de fixer celle des physiciens. On a considéré jusqu'à présent les végétaux presque sous toutes les faces possibles ; il reste encore cependant à les examiner dans leurs rapports, soit avec l'électricité qui règne dans l'atmosphère, soit avec la portion de ce fluide dont l'homme peut disposer et qu'il fait agir, pour ainsi dire, à son gré ; il reste encore surtout à employer cet agent merveilleux, ce ressort si puissant pour fertiliser la terre, seconder les végétaux et multiplier leurs productions si avantageuses à l'homme. Ces recherches nombreuses forment une science nouvelle qu'il est nécessaire de créer en quelque sorte, car elle est encore dans le néant. Pour cet effet, j'examinerai d'abord si l'électricité de l'atmosphère a quelque influence sur les végétaux, quels sont les effets de cette influence sur les plantes, et comment on peut appliquer avec fruit l'électricité, soit naturelle, soit artificielle à la végétation des plantes.

TROISIÈME PARTIE

Les plus brillantes spéculations, quelque importantes qu'elles paraissent d'abord, si elles ne peuvent être ramenées à des objets d'utilité, ne dédommagent jamais des peines, hélas ! au prix desquelles on les a achetées. Le but des sciences est de se rapprocher des besoins de l'homme, ces besoins toujours impérieux, toujours multipliés, et sans cesse renaissants. Chercher les moyens les plus efficaces et les plus simples pour les satisfaire et pour en diminuer la somme, c'est faire le plus digne usage de cette activité et de cette industrie dont la nature libérale nous a pourvus ; avantages réels qui nous dédommagent amplement de tous ceux qu'elle nous a refusés, et que trop souvent dans le délire de nos conceptions nous sommes tentés de désirer.

Les effets que l'électricité de l'atmosphère produit sur les plantes sont, par eux-mêmes, très avantageux : ils sont relatifs à l'économie végétale, et sont des dépendances de ces lois générales que la nature a établies et par lesquelles elle régit ce vaste univers et les êtres nombreux dont il est peuplé. Mais, ce qui est utile par lui-même peut cesser de l'être dans certaines circonstances et devenir pernicieux ; c'est alors que la raison et l'industrie humaine doivent faire mille efforts pour redresser les écarts de la nature, corriger ses erreurs et en triompher. Nous osons croire avoir eu le bonheur de réussir dans une matière toute neuve qu'il a fallu créer, et avoir fait une découverte du plus grand intérêt, et même d'une utilité générale.

L'influence de l'électricité de l'atmosphère étant par elle-même très avantageuse, ses effets nuisibles ne sont pas nombreux : ils se réduisent à l'excès ou au défaut dans la quantité du fluide électrique et à la multiplication des insectes pernicieux, qui sont un des grands fléaux de l'agriculture ; et nous sommes assez heureux pour avoir trouvé, dans l'électricité, des moyens pour y remédier, de même qu'à quelques-unes des espèces de maladies auxquelles ils sont en proie.

Chapitre Premier

Moyen de remédier au défaut dans la quantité d'électricité naturelle, relativement aux végétaux

S'il y a quelquefois une surabondance de fluide électrique dans l'atmosphère, quelquefois aussi on peut dire qu'il n'y en a pas assez : alors la végétation doit languir, puisque les diverses fonctions qui ont lieu dans l'économie végétale et sur lesquelles l'électricité influe doivent en souffrir, ainsi qu'il résulte de tout ce qui a été établi dans les deux premières parties dont la troisième est une dépendance nécessaire.

Quoiqu'il paraisse au premier coup d'œil que l'idée hardie de corriger la nature dans ses écarts soit téméraire, cependant cette nature, toute puissante qu'elle est, s'est montrée si souvent docile aux efforts victorieux de l'industrie humaine qu'on peut encore espérer d'en triompher une fois. Des causes opposées à celles qui produisent une surabondance du fluide électrique dans l'atmosphère peuvent souvent exister ; dans ce cas, il est au moins utile de réparer le défaut de ce fluide qui a tant d'influence sur toute l'économie végétale. Le moyen le plus simple et le plus efficace est en même temps le plus direct : c'est celui de produire ou de rassembler le fluide électrique épars dans la masse de l'air, et de le porter en abondance sur les végétaux qu'on cultive. Je ne me dissimule point l'air de paradoxe que présente d'abord ce moyen, mais le simple développement de cette vérité suffira pour détruire aussitôt l'injuste prévention qu'on pourrait ressentir.

Il y a habituellement dans l'atmosphère une grande quantité de matière électrique qui y est répandue ; elle existe toujours dans les hautes régions. Sur les montagnes, elle se fait toujours sentir avec plus d'énergie et s'y montre avec plus d'abondance que dans les plaines. Lorsqu'on est dans celles-ci, en élevant des conducteurs, ou en lançant des cerfs-volants électriques qui aillent au-devant d'elle, pour ainsi dire, la chercher et la ramener vers la surface de la terre, où plusieurs causes l'empêchent quelquefois de se montrer, on la voit aussitôt soumise à la voix de l'homme, lui obéir, descendre en quelque sorte du ciel, et venir ramper à ses pieds pour y exécuter ses ordres.

Tous ces faits sont de la dernière certitude ; et si quelqu'un en doutait, il lui serait facile d'élever un appareil ordinaire ou de lancer un cerf-volant dans l'air pour s'en convaincre. Il obtiendrait bientôt et en tout temps une électricité d'autant plus forte que la hauteur des appareils serait plus considérable. On m'a dit que depuis peu on avait réalisé, en Angleterre, une expérience qui démontre bien cette vérité, et que je rapporte ici parce qu'elle n'a point encore été publiée. Sur une haute montagne, on a lancé deux cerfs-volants, dont l'un était attaché à l'extrémité inférieure de l'autre, ce qui formait une double hauteur ; et on a obtenu des effets électriques incomparablement plus grands que ceux que produit un seul instrument. Mais je crois qu'il est entièrement inutile d'insister ici plus longtemps sur cette vérité bien démontrée et universellement admise.

Ce principe supposé, pour remédier au défaut de la quantité de fluide électrique qui a quelquefois lieu, défaut qui est nuisible à la végétation, il faut élever dans le terrain qu'on veut féconder, un appareil nouveau que j'ai imaginé, qui a tout le succès possible, et qu'on peut nommer *électro-végéto-mètre*. Il est aussi simple dans sa construction qu'efficace dans sa manière d'agir, et je ne doute point qu'il ne soit adopté par tous ceux qui sont instruits des grands principes de la nature.

Cet appareil est composé d'un mât A, B (cf. planche I fig. I, page suivante) ou d'une pièce de bois quelconque, suffisamment enfoncé dans la terre pour qu'il puisse avoir une certaine solidité et résister aux vents. On fera sécher au feu la partie de ce mât qui est dans la terre et on aura soin de la poisser ou enduire de goudron lorsqu'on l'ôtera de devant le feu, afin que les particules résineuses puissent entrer plus profondément dans les pores du bois qui seront alors dilatés, et d'où l'humidité aura été chassée par la chaleur.

On aura soin encore de mettre autour de la portion qui est dans la terre de la poussière de charbon, ou plutôt une couche épaisse de bon ciment, et de bâtir ensuite une base en maçonnerie qui environne la circonférence du mât, laquelle ayant une épaisseur et une profondeur proportionnée à l'élévation de l'instrument, le rendra solide et durable. Quant à la partie hors de terre, on pourra se contenter d'y passer quelques couches de peinture à l'huile, à moins qu'on n'aime mieux l'enduire de bitume sur toute la longueur de la pièce.

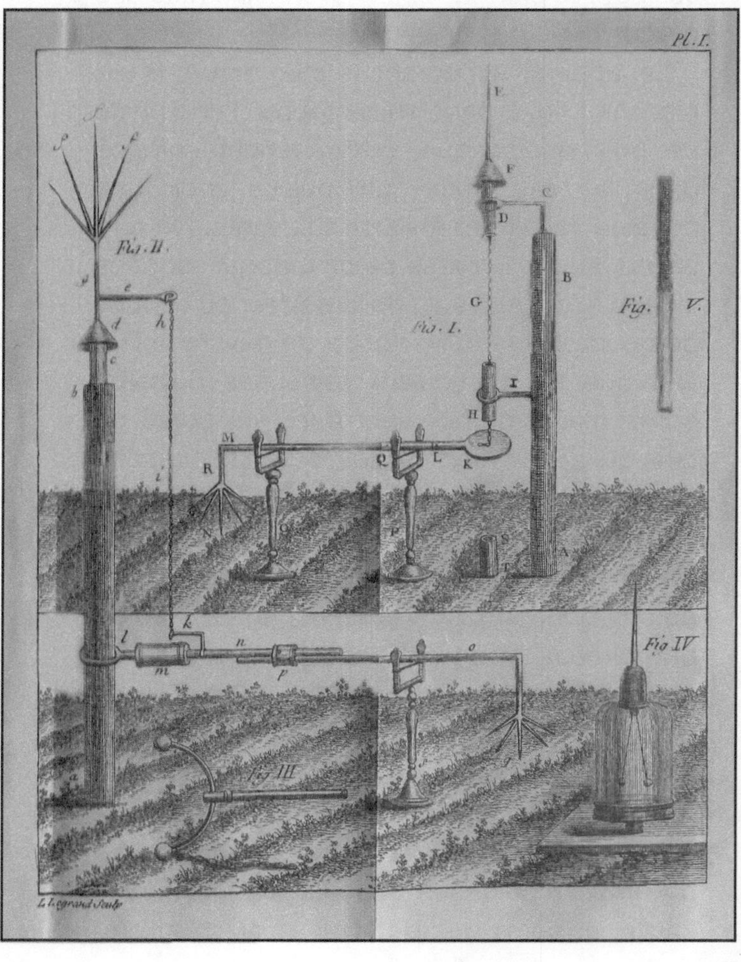
Fig. II.
Fig. I.
Fig. V.
Fig. IV.
Fig. III.
L. Legrand Sculp.

En haut du mât, nous mettons une espèce de console ou support C, qui est en fer ; l'extrémité pointue sera enfoncée dans l'extrémité supérieure du mât, et l'autre bout du support sera terminé en anneau pour y recevoir un tuyau de verre creux qu'on voit en D, et dans lequel on aura mastiqué une verge de fer qui s'élève en E. Cette verge de fer, qui se termine en pointe par son extrémité supérieure, est entièrement isolée, puisqu'elle tient fortement dans un tube de verre épais, rempli de matière bitumineuse, mêlée avec des cendres de la brique pilée et du verre en poudre, ce qui forme un mastic très bon et très approprié à l'objet qu'on s'est proposé.

Afin que la pluie ne mouille pas le tuyau de verre D, on a eu soin de souder un entonnoir F de fer blanc à la verge E ; alors celle-ci est toujours isolée. De l'extrémité inférieure de la verge E pend une chaine G qui entre dans un second tuyau de verre H, lequel est soutenu par le support I. L'extrémité inférieure de la chaine dont nous venons de parler repose sur un disque de fer K qui fait partie du conducteur horizontal K, L, M, N.

En L est une brisure à charnière, afin de pouvoir tourner à droite ou à gauche la verge de fer L, M, N ; il y en a une autre en Q pour que le mouvement circulaire puisse encore mieux s'exécuter. O et P sont deux guéridons ou supports terminés en fourche, où on a attaché un cordon de soie bien tendu pour isoler le conducteur horizontal ; en N sont plusieurs pointes de fer assez aiguës.

Dans la figure II on voit un appareil semblable au premier pour le fond, mais avec quelques différences dans la construction. À l'extrémité supérieure du mât A, B, on a creusé un trou dans lequel entre un cylindre de bois C, qu'on a eu soin de faire sécher auprès d'un grand feu afin d'en chasser l'humidité, de dilater ses pores, et de le saturer dans cet état de goudron, de poix ou de térébenthine, et cela à plusieurs reprises. Plus le bois et la matière bitumineuse ont reçu de chaleur, plus la pénétration de la substance est grande et plus aussi l'isolement sera parfait. Il est à propos de mettre sur la circonférence de notre petit cylindre une couche assez épaisse de bitume.

Cette préparation étant faite, on insère ce bois C dans le trou B, du mât, et il est facile d'unir très solidement ces deux pièces de bois. À l'extrémité supérieure du cylindre C, on attache fortement une verge de fer G, F ; au lieu d'une seule pointe, elle est terminée par plusieurs pointes aiguës toutes de fer doré. En E on voit une tige de fer, semblable au bras d'un levier coudé, d'où pend librement une chaine de fer H, I, au bout de laquelle on accroche une pièce de fer en équerre et terminée en fourchette. La pièce de fer L est un anneau avec un manche qui entre un peu dans le tuyau de verre M rempli de mastic, ainsi que la verge de fer N. Le conducteur P, A, doit être considéré comme une allonge qu'on peut faire jouer dans la pièce P. On a mis également des pointes de fer en Q : le support Z est semblable à ceux O, P, de la figure première. Dans cette nouvelle construction on peut allonger ou raccourcir le conducteur horizontal ; et l'anneau de fer L tournant librement dans une gorge circulaire pratiquée au mât, le conducteur peut décrire l'aire entière d'un cercle.

La structure de cet électro-végéto-mètre bien entendue, on en concevra facilement l'effet. L'électricité qui règne dans l'air sera soutirée par les pointes de l'extrémité supérieure : les expériences électriques les plus décisives prouvent que les pointes ont cette propriété ; c'est ce qu'on appelle en physique « le pouvoir des pointes ». La matière électrique, soutirée par la pointe E ou par celles qui sont marquées F, sera nécessairement transmise par la verge et par la chaîne, parce que l'isolement qu'on a pratiqué à l'extrémité supérieure du mât empêche qu'elle ne se communique au bois. Le fluide électrique de la chaîne passe au conducteur horizontal K, M, ou N, O ; ensuite, il s'échappe par les pointes qui sont en N et en Q parce que les pointes qui ont le pouvoir de soutirer ont aussi celui de pousser le fluide électrique, ainsi que l'expérience le démontre. L'usage de cet instrument n'est pas plus difficile. Supposons qu'il ait été placé au milieu d'un jardin potager, par exemple. En faisant tourner successivement le conducteur horizontal et en retirant l'allonge ou les allonges qu'on y aura mises, on pourra porter l'électricité dans toute la surface du terrain dont nous parlons. L'électricité soutirée de l'atmosphère sera conduite sur toutes les plantes qu'on cultivera, dans les temps où on aura observé qu'il y a trop peu d'électricité, dans les basses régions, proches de la superficie de la terre. Lorsque le fluide électrique de l'atmosphère sera trop abondant, on rendra nul l'effet de notre appareil en K, fig. I et en K fig. II, en mettant une chaîne de fer qui pende et traine même jusque sur le sol, ou une verge de fer perpendiculaire dont l'effet sera le même, celui de détruire l'isolement et de transmettre insensiblement le fluide électrique à mesure qu'il est soutiré par les pointes. De cette sorte, il n'y aura jamais surabondance de ce fluide dans l'instrument, et son effet deviendra nul ou sensible à volonté, selon qu'on placera ou non la seconde chaîne ou la verge additionnelle.

Jamais on n'aura rien à redouter d'une décharge spontanée de cet appareil, parce qu'il est terminé en bas par des pointes ménagées en N et en Q : c'est un fait certain, connu de tous les physiciens, qu'un conducteur pointu ne fait point d'explosion, et qu'à la place des étincelles on n'a que des aigrettes lumineuses. D'ailleurs, si quelqu'un voulait prendre par surabondance une nouvelle précaution, il serait facile de lui en fournir une capable de lui inspirer la plus grande sécurité. Il lui suffirait, en s'approchant de l'appareil, de tenir à la main et devant lui un grand excitateur non brisé de cuivre ou de fer, ayant la forme d'un grand C, d'une hauteur égale à la distance qu'il y a du conducteur horizontal jusqu'à la surface de la terre. Cet excitateur à son milieu serait armé d'un manche de verre, et, à une de ses extrémités, celle qu'on tournerait du côté de la terre, pendrait une chaîne de fer qui trainerait sur le sol. Cet instrument est un excellent préservateur. Voyez la fig. III, planche I.

Par le moyen de notre électro-végéto-mètre, comme nous l'avons dit, on rassemblera à volonté le fluide électrique répandu dans l'air, on le conduira sur la surface de la terre dans les temps où il y en aura moins, où la quantité ne sera pas suffisante pour la végétation, à plus forte raison dans ceux où, quoique suffisante, elle ne sera pas assez grande pour obtenir des effets multipliés et des productions nombreuses. De cette façon, on aura un excellent engrais qu'on aura, pour ainsi dire, été chercher dans le ciel, et cet engrais ne sera nullement dispendieux, car, après la construction de cet instrument, il n'en coûtera rien pour l'entretien. Il sera le plus efficace qu'on pourra employer, puisqu'aucune substance ne peut être aussi active, aussi pénétrante, aussi relative à la germination, à l'accroissement, à la multiplication et à la reproduction des végétaux.

Cet engrais est celui que la nature emploie sur toute la surface de la terre, et dans tous ces lieux que nous appelons en friche, parce qu'ils ne sont fécondés que par les agents que la nature sait si bien mettre en œuvre. Il ne manquait, peut-être, pour mettre le complément aux découvertes utiles qu'on a faites sur l'électricité, que de montrer l'art si avantageux de se servir du fluide électrique comme engrais. Alors, tous ses effets que nous avons prouvés dans notre seconde partie, comme l'accélération dans la germination, dans l'accroissement et la production des feuilles, des fleurs, des fruits, leur multiplication, etc. seront produits, même dans les temps où les causes secondes s'y opposaient, par l'accumulation du fluide électrique que nous avons eu l'art de rassembler sur les portions de la surface de la terre où nous cultivons des plantes plus particulièrement consacrées à nos besoins. En multipliant ces instruments très peu dispendieux, car des verges de fer de la grosseur d'un doigt (et même d'un diamètre moindre) suffisent ; en les multipliant, nous en étendrons à volonté l'usage et les heureux effets.

Cet appareil ayant été élevé par mes soins au milieu d'un jardin, on a vu les plantes diverses, les herbages, les fruits plus hâtifs, plus multipliés et de meilleure qualité ; quelquefois, on a aperçu pendant la nuit les pointes en N et Q garnies d'aigrettes électriques[2], ainsi que les pointes supérieures. Ces faits sont analogues à une observation que j'ai faite : c'est que les plantes croissent mieux et sont plus vigoureuses autour des paratonnerres lorsqu'il y en a quelques-unes, et que le local permet leur développement. Ils servent à expliquer comment la végétation est si vigoureuse dans les forêts et dans les plus grands arbres, dont la cime orgueilleuse s'élève avec autant de majesté dans l'air à une grande distance de

---

2. Ce phénomène est analogue à ceux qui se présentent aux pointes des conducteurs et des paratonnerres dans certaines circonstances. Je pourrais en citer plusieurs preuves, mais les suivantes paraissent suffire. À peine les conducteurs de Nymphembourg furent-ils placés, que Son Altesse électorale de Bavière y observa le premier, dans un orage, des feux sur les pointes perpendiculaires de deux de ces conducteurs. Elle fit appeler pour en être témoin toute sa cour, dans laquelle il y avait, selon l'expression de Son Altesse, des *hérétiques en électricité*. Cette preuve convaincante a opéré leur conversion de la manière la plus prompte. Un autre phénomène très curieux a été observé deux fois à Nymphembourg depuis qu'il y a des conducteurs. Pendant un orage, dont la direction était vers le château, on vit des nuées jeter des éclairs terribles ; mais dès qu'elles eurent passé au-dessus des conducteurs, *elles devinrent toutes comme des charbons éteints, aucune n'éclairait plus, ayant fait passer tout leur feu dans les pointes*. Plusieurs personnes ont été témoins de ces faits, et, entre autres, M. l'abbé Toaldo.

la surface de la terre : ceux-ci vont chercher le fluide électrique bien plus haut que les plantes moins élevées ; les extrémités aiguës de leurs feuilles, de leurs rameaux et de leurs branches sont autant de pointes que la nature leur a départies dans le jour de sa munificence pour soutirer le fluide électrique de l'air, cet agent si propre à la végétation et à toutes les fonctions des plantes.

On peut élever cet électro-végéto-mètre non seulement dans un jardin, mais dans un verger, dans une terre à blé, dans un champ planté d'olivier, etc., partout les mêmes effets seront produits : fécondité dans la terre, accélération dans la végétation, multiplication dans les produits, supériorité dans la qualité, etc. Cet instrument est applicable à toutes les espèces de productions végétales[3], à tous les lieux, à tous les temps, et son utilité et son efficacité ne peuvent être méconnues ou révoquées en doute que par ces esprits timides qui ne sont point appelés aux découvertes, qui ne

____

3. Plusieurs maladies des plantes dépendant de l'humidité surabondante qui existe à l'intérieur après les pluies, ou à l'extérieur dans les temps nébuleux, etc. l'électricité de l'électro-végéto-mètre attirant l'humidité des plantes du milieu même du tissu ligneux, remédiera à ce mal, et préviendra le dépérissement qui pourrait en résulter.

reculeront jamais les barrières des sciences mais resteront éternellement circonscrits dans les bornes étroites d'une lâche pusillanimité, que trop souvent on qualifie, pour la pallier, du nom de prudence, nom qui n'en impose plus. Si j'en crois des amis éclairés, l'électro-végéto-mètre est une des plus belles et des plus utiles découvertes qu'on ait faites dans ce siècle.

Outre les avantages de l'électro-végéto-mètre dont nous venons de parler, il en a encore un autre très important, celui de servir de grand électromètre ou de grand conducteur, et de connaitre par ce moyen l'électricité de l'air, en ôtant les pointes N, R (fig. I et q, r, fig. II, planche I), qui se vissent en R et r. Il fera aussi fonction de paratonnerre, si l'on a soin d'enfoncer en terre, à la profondeur de dix ou quinze pieds environ, un tuyau de plomb dont l'extrémité supérieure s'élèvera au-dessus de la surface de la terre de quelques pouces S, T. C'est par-là qu'on fera entrer le prolongement de la chaîne ou la verge de fer perpendiculaire destinée à détruire l'isolement, et dont le bout supérieur sera accroché à la chaine en H (fig. I) ou en K (fig. II). Ces deux chaînes sont très fortes et peuvent servir d'excellent conducteur.

Si l'on veut, on peut y substituer des tresses de fil de laiton ou des barres de fer, cela ne changera rien à l'appareil. Dans les figures, nous avons préféré des chaînes, seulement afin que la distinction des différentes parties fût plus sensiblement aperçue.

Avec ces additions, l'électro-végéto-mètre sera un aussi bon paratonnerre que ceux qu'on construit ordinairement, et même que ceux que nous avons élevés à Paris sur l'hôtel de Charost de Madame la duchesse d'Ancenis, sur l'hôtel de Tessé, sur le couvent des religieuses Augustines Anglaises, etc., et sur plusieurs autres édifices des environs de Paris, à Lyon sur le clocher de l'église de Saint-Just, sur le dôme de l'hôpital, sur le château de la Ferrandière, sur celui qui, par sa position, se trouve au milieu de la ville, qui tous sont faits d'après les principes que j'ai établis dans mon *Mémoire sur les paratonnerres ascendants et descendants*, qu'on peut voir imprimés dans les *Mémoires de l'académie des sciences de Montpellier*, 1776, page 53, et dans le *Journal de physique*, Sept. 1777, page 179.

Ce n'est pas seulement par le moyen de l'électricité de l'atmosphère, rassemblée par des appareils, qu'on peut remédier au défaut de fluide électrique si nécessaire à la végétation ; l'électricité nommée « artificielle » peut encore y concourir. Quelque étonnante que soit cette idée, et quoiqu'il paraisse peut-être impossible de la réaliser, on verra bientôt que rien n'est plus aisé. Supposons qu'on veuille augmenter la végétation des arbres d'un jardin, d'un verger, etc. sans avoir recours aux appareils destinés à pomper, pour ainsi dire, l'électricité de l'atmosphère. Il suffit d'avoir un grand tabouret isolateur représenté en A sur la figure I de la planche II.

On peut le faire de deux façons : en versant une couche suffisante de poix et de cire fondues sur ce tabouret, et dont les bords étant plus élevés que le milieu, formeront une espèce de caisse et de moule ; ou, plus simplement, le tabouret appelé aussi l'isoloir, sera uniquement composé d'une planche plus longue que large, supportée par quatre piliers de verre, comme ceux qui servent d'assortiment aux machines électriques. On aura soin de placer dessus l'isoloir un baquet de bois rempli d'eau, et de faire monter sur ce tabouret un homme armé d'une pompe aspirante en forme de seringue C.

Pl. II.
Fig. II
F
C
E
D
G
A
B
B
H
Fig. I
G
G
C
D
E
B
L. Legrand Sculp.

Si on établit une communication entre l'homme et une machine électrique mise en mouvement, ce qui est facile par le moyen d'une chaîne E qui aboutisse au conducteur de la machine, alors l'homme étant isolé, ainsi que tout ce qui est sur le tabouret, pourra, en poussant le piston, arroser des arbres g, répandre sur eux une pluie électrique, qui portera sur tous les végétaux qui la recevront un principe de fécondité, une vertu toute particulière qui a la plus grande influence sur toute l'économie végétale. Les effets que nous avons exposés dans notre seconde partie seront ici produits par l'activité de cette cause, et ce moyen, si propre à leur donner naissance, a encore cet avantage qu'en tout temps, en tout lieu, il peut être employé et appliqué aux plantes quelconques.

J'imagine bien qu'on ne doute pas que l'électricité est communiquée à l'eau qui sert à l'arrosement, car il serait facile d'opérer ici la plus ample conviction, puisque si quelqu'un reçoit sur le visage ou sur la main cette pluie électrique, aussitôt il sent des piqûres électriques ; effets des étincelles qui sortent de chaque goutte d'eau. On les aperçoit très sensiblement si on présente une assiette de métal à cette rosée électrique, c'est au moment du contact qu'elles brillent. Afin que l'électricité, que l'homme a reçue par le moyen de la chaîne, se communique au baquet, j'ai soin de faire mettre une petite plaque de fer blanc F sur le bout de laquelle on place le pied. Le baquet rempli d'eau est une espèce de magasin qui sert à l'entretien continuel de la pompe aspirante. Après avoir arrosé un arbre, on transporte le tabouret devant un second, un troisième et ainsi successivement, ce qui est rapidement fait et n'exige presque point de peine.

Au lieu de chaine E qu'on n'a représentée dans la figure que pour rendre la communication plus sensible, il est mieux de se servir d'un cordon ou d'une tresse faite avec de l'or faux ou tout autre métal ; alors il n'y aura point de perte électrique, comme il y en a dans la chaîne par les pointes des anneaux. Et de plus, le cordon ou fil d'or pouvant se développer et s'allonger, on n'aura pas besoin de transporter aussi souvent la machine électrique. Il est inutile de dire que ce cordon ou fil métallique, qui doit toujours être isolé, peut être soutenu par des supports semblables à ceux qui ont été représentés en O, P, Z dans les fig. I et II de la planche I. Ce moyen est simple, efficace et nullement dispendieux, et on ne saurait trop l'employer.

Si on veut arroser dans un parterre ou dans un jardin des carreaux et plates-bandes de fleurs, ou des planches dans lesquelles on aura semé des graines, où seront des plantes de divers âges et de différentes espèces, rien n'est plus aisé et plus expéditif que le procédé suivant dont on se formera une idée suffisante en voyant la fig. II de la planche II. Sur un charriot A, A, on a placé un isoloir moulé en forme de gâteau de poix et de résine, comme nous l'avons dit ci-devant fig. I ; pour une plus grande facilité, il n'y a point de pied à cet isoloir. Le charriot est traîné dans toute la longueur du jardin par un homme ou par un cheval qu'on y a attelé ; à mesure qu'on tire le charriot, le cordon métallique C, C se dévide depuis le dessus de la bobine D, laquelle tourne à l'ordinaire. Celle-ci est isolée, soit parce que l'axe mobile est un tube de verre solide, soit parce que le petit équipage qui soutient la bobine est planté dans la masse de résine, dans le cas ou on voudrait que l'axe fût en fer. E est un support qui sert à empêcher que le fil d'or ou le cordon métallique ne traîne par

terre et ne dissipe de cette façon l'électricité ;
de plus, il sert d'isoloir. Pour remplir ce dernier
objet, il faut que l'anneau E, F, dans lequel il
passe, soit de verre. On peut également, si
l'on veut, se servir des isoloirs et supports
marqués O, P, Z dans les figures I et II de la
planche II. Si un jardinier, monté sur l'isoloir,
tient d'une main un arrosoir plein d'eau et que,
de l'autre[4], il prenne un cordon métallique G,
propre à transmettre l'électricité qui vient du
conducteur H par le moyen du fil C, C, d,
alors, l'eau étant électrisée, on aura une pluie
électrique qui, tombant sur toute la surface des
plantes qu'on veut arroser, rendra la végétation
plus vigoureuse et plus abondante. Un second
jardinier donnera de nouveaux arrosoirs pleins
d'eau à celui qui est sur l'isoloir, lorsqu'il aura
vidé ceux qu'il tenait, et en peu de temps, on
pourra arroser un jardin entier.

Ce procédé n'étant presque pas plus long que
l'ordinaire, et quand bien même il le serait un
peu plus, les grands avantages qu'on en retirera
dédommageront bien abondamment de ce
petit inconvénient. En répétant plusieurs jours
de suite cette opération, soit sur des graines
semées, soit sur des plantes qui prennent leur

---

4. Il lui suffira de nouer le bout de ce cordon à une
boutonnière de son habit, alors cette main sera libre.

accroissement, on ne tardera pas à en retirer de grands avantages. Ce procédé facile, ainsi que le précédent, décrit dans la figure 1 de la planche II pour arroser les arbres, ont été mis en pratique, je puis l'assurer, et cela avec le plus grand succès : tous ceux qui continueront à l'éprouver en seront aussi satisfaits que je l'ai été. C'est ainsi que la physique moderne apprend à commander aux éléments, ou à se passer d'eux, s'il est permis de parler de la sorte. On peut imaginer d'autres moyens à peu près semblables ; j'en ai même donné quelques autres à des amis, mais ils sont tous les mêmes quant au fond.

Je ne finirai pas cet article sans parler d'une autre espèce de moyen relatif à l'objet présent, quoiqu'il soit beaucoup moins efficace que les précédents. Il consiste à communiquer à l'eau qui est contenue en dépôt dans des bassins, réservoirs, etc. à l'usage des arrosements, le fluide électrique par le moyen d'une bonne machine électrique. Pour cet effet, on aura soin de faire enduire d'un bon ciment bitumineux toute la surface intérieure du bassin, destiné à rassembler l'eau qui sert à l'irrigation ; la nature de ce ciment servant à isoler, empêchera que le fluide électrique communiqué à l'eau ne se dissipe. De cette manière, la fixation de la matière électrique dont nous avons parlé ci-devant réussira mieux ; et l'eau, ainsi chargée de fluide électrique pur ou combiné, sera plus propre à la végétation. Pourquoi le fluide électrique ne se fixerait-il-pas dans la substance de certains corps, au moins pendant quelque temps, puisque la lumière qui a tant de rapports avec lui se fixe très bien dans les corps ? Ainsi que le démontrent les phosphores naturels et artificiels qui, après avoir été exposés aux rayons du soleil, conservent assez longtemps la propriété de briller, ce qu'on remarque dans l'obscurité. Les pierres précieuses, par exemple, ne réfléchissent-elles pas parfaitement les rayons prismatiques dont elles sont successivement imprégnées ?

Quoi qu'il en soit, le moyen dont nous venons de parler pour électriser l'eau destinée aux arrosements n'est pas dispendieux, puisque la dépense du ciment n'est point considérable, qu'elle est faite une seule fois, que cet enduit empêche les filtrations et les pertes d'eau, la dégradation des murs qu'on serait obligé de réparer plus souvent, et que, d'ailleurs, on en sera bien dédommagé par l'utilité qu'on retirera de cette méthode. Une machine appliquée à l'extrémité de l'axe de l'appareil électrique pourrait lui communiquer le mouvement de rotation et diminuer encore les frais de l'opération.

Chapitre II

Moyen de remédier à un trop grand excès de fluide électrique par rapport aux plantes

Si le défaut de fluide électrique, ou plutôt une moindre quantité, peut être pernicieuse, une surabondance trop considérable de cette matière sera aussi quelquefois nuisible. Les expériences que MM. Nairne, Banks, et plusieurs autres savants de la Société de Londres ont faites, prouvent très bien cette vérité. Une batterie électrique très forte fut déchargée sur une branche de basame tenant toujours à sa tige ; quelques minutes après, on observa une altération marquée dans le rameau, dont les parties les moins ligneuses se flétrirent d'abord, se penchèrent vers la terre, moururent le lendemain, et, en peu de jours, il fut entièrement desséché, tandis qu'une autre branche de la même plante qui n'avait point été mise dans la chaîne électrique n'en fut aucunement affectée. Cette expérience, répétée sur d'autres plantes, a donné le même résultat ; et on a remarqué que l'attraction, occasionnée par une forte décharge d'électricité, produit une altération différente selon la nature diverse des plantes. Celles qui sont moins ligneuses, plus herbacées, plus succulentes, plus aqueuses éprouvent dans la même proportion des impressions plus fortes et surtout plus promptes. Une branche de chacune des plantes suivantes composant une chaîne électrique, ces habiles physiciens observèrent que celle de basame fut affectée la première par la décharge de la batterie, peu d'instants après, et périt le lendemain. Les feuilles de la merveille du Pérou[5] ne tombèrent que le jour suivant ; le phénomène fut le même pour un géranium, plusieurs jours s'écoulèrent avant qu'on remarquât aucun effet fâcheux sur la fleur cardinale. La branche d'un laurier n'en présenta qu'au bout de quinze jours environ, après lesquels elle mourut ; ce ne fut enfin qu'un mois après qu'on s'aperçut que le myrte souffrait. Mais on a observé constamment que le corps de ces plantes et les rameaux qui n'avaient point fait partie de la chaîne avaient toujours continué à être frais, vigoureux et chargés de feuilles en bon état.

Il n'arrive presque jamais que la surabondance de fluide électrique, existant dans une petite

---

5. N.d.É. : Autre nom de la Belle-de-nuit.

portion de l'atmosphère où est placée une plante, soit aussi grande que celle qui avait lieu par l'explosion de la forte batterie de M. Nairne, dirigée spécialement sur une branche ; ou, si cela arrive, ce n'est que sur quelques individus des plantes en très petit nombre, comme lorsque la foudre tombe sur un arbre, le brise, en détache l'écorce ou fait sécher les feuilles etc. ; et dans le cas de la coulure des blés, que plusieurs agronomes attribuent à la vivacité des éclairs. « Ce sentiment, dit M. Du Hamel, a acquis de la probabilité depuis qu'on a reconnu les grands effets de l'électricité si abondamment répandue dans l'air, lorsque le temps est disposé à l'orage. » (*Éléments d'agriculture*, tome I, p. 346.) Il n'est pas de notre objet de donner des moyens pour remédier aux effets pernicieux qui seraient produits dans cette occasion, et nous avouons de bonne foi qu'il n'y en a point dans des conjonctures absolument semblables à celle des expériences du savant anglais que nous avons cité. Mais quoique cet excès énorme de fluide électrique dont nous venons de parler n'ait jamais lieu dans un espace considérable, cependant cet excès, quoique moindre, peut être encore trop grand de plusieurs manières, respectivement à l'économie végétale ; c'est dans ces cas qu'il convient de rechercher les moyens d'y remédier.

Afin d'être plus intelligible, supposons qu'on ait quelques plantes, des arbrisseaux ou même quelques arbres précieux ou étrangers qu'on veuille conserver, et qu'on s'aperçoive qu'une trop grande quantité d'électricité qui règne dans l'atmosphère leur soit pernicieuse, je trouve principalement deux moyens pour obvier au mal qu'on craint. Le premier est de mouiller largement ces végétaux, en jetant souvent sur eux des quantités d'eau ordinaire, de telle sorte que toute leur surface soit humide ; alors l'excès de l'électricité qui est dans l'air sera transmis dans le sein de la terre par cette eau adhérente à l'extérieur des plantes, parce que l'eau est un excellent conducteur du fluide électrique. Ce moyen n'a pas besoin d'être développé plus longtemps, après tout ce qui a été établi dans le cours de cet ouvrage. Le second est de planter près de ces arbres des pointes métalliques ; ce dont on viendra facilement à bout par le moyen de simples lattes ou perches de bois, le long desquels on aura mis et assujetti par des liens, de simples fils de fer qui les dépasseront de quelques pouces. Ces perches, ainsi préparées, seront enfoncées en terre ; elles soutireront l'excès de fluide électrique qui est dans l'air au-dessus et aux environs des plantes qu'on veut protéger, et le transmettront à la terre. Cet effet est fondé sur la propriété que les pointes métalliques ont de soutirer l'électricité, et sur celle que les métaux ont de conduire. On exécutera celui des deux moyens qu'on préférera, ou on aura recours aux deux, si on les juge nécessaires[6].

---

6. Lorsqu'on imprimait cette page, j'ai lu dans le *Journal de Paris* (n°168) une observation intéressante, qui confirme les principes que nous avons établis. Elle est relative à l'effet qu'éprouve une meule à champignon par l'orage ou le tonnerre : la plus belle apparence de récolte est détruite en un instant, et le jardinier perd tout le fruit de ses peines et de ses soins. L'auteur de cette observation invite les physiciens à trouver des moyens capables de détourner ce fluide destructeur des meules à champignon, soit en y mettant des barres électriques pour le soutirer ou l'écarter, soit en y mêlant quelque matière capable de le repousser ou de s'en saisir seule, soit en les couvrant de quelque chose qui puisse l'éloigner, soit enfin en donnant aux meules une forme qui pût diminuer l'effet du fluide. Les moyens les plus efficaces sont ceux que nous avons proposés dans cet ouvrage.

Chapitre III

*De quelques insectes nuisibles aux végétaux,
et des moyens que l'électricité fournit
pour les détruire*

Le bien et le mal marchent assez de compagnie sur ce misérable globe que nous habitons, et il est rare que les avantages de divers genres dont on y jouit n'entraînent à leur suite des inconvénients. Le fluide électrique si utile aux plantes, l'est également aux animaux. S'il contribue à la germination et aux divers produits de la végétation, il n'a pas moins d'influence sur la naissance, le développement, l'accroissement et la multiplication des <u>animaux, et surtout des insectes</u>[7].

7. Dans un mémoire lu dans une assemblée publique de l'académie de Béziers, et dont on peut prendre une idée dans le *Mercure de France* (mars 1774, p. 147 et suivantes), j'ai prouvé que la foudre produit sur quelques espèces d'insectes à peu prés les mêmes effets que sur les végétaux ; que des tonnerres fréquents ont été cause que beaucoup d'insectes de la classe des coléoptères ont été plus multipliés dans certains temps orageux plutôt que dans d'autres, et ont paru beaucoup plus tôt ; que cette influence a également lieu sur quelques espèces de familles des hémiptères, des hyménoptères, des diptères et aptères ; que les tonnerres fréquents sont très nuisibles à plusieurs lépidoptères, du moins à leurs larves. Je fis également mention des effets utiles

L'observation prouve que les années où la végétation est plus vigoureuse et plus abondante, les insectes, si rien ne s'y oppose, sont aussi plus multipliés ; ils le sont quelquefois à un point étonnant. Il n'est personne qui ne sache combien grands sont les dommages qu'ils causent et qui ne désire vivement de trouver des remèdes à ce fléau. On pense bien qu'il n'est pas possible de s'opposer à cette dévastation de plus d'un genre que les insectes occasionnent, et que l'électricité ne peut pas tout réparer, mais nous croyons qu'il est une espèce de maux auxquels elle est capable de remédier, et c'est uniquement de cet objet que nous allons nous occuper.

On a souvent remarqué que plusieurs espèces de vers ou de larves d'insectes se trouvent dans le cœur des rameaux, des branches, et même des tiges et des troncs d'arbustes, d'arbrisseaux et d'arbres de divers genres ; il y en a beaucoup, par exemple, dans les poiriers et les autres arbres fruitiers. Dès que cet animal est à l'intérieur d'une branche, il forme une galerie selon la longueur de la branche ou rameau : armé de fortes mâchoires écailleuses, il a bientôt réduit en poussière

ou pernicieux du tonnerre sur quelques autres espèces d'animaux de divers autres ordres du règne animal.

la substance ligneuse ; son travail n'a pas seulement pour objet de le loger, mais de se procurer des aliments ; et le bois, tout dur qu'il est, est l'aliment favori de cette larve délicate. D'autres insectes se montrent à découvert ; celui-ci, semblable à un mineur, marche toujours sous des galeries dans l'obscurité, et aucun signe extérieur ne peut le faire apercevoir : on n'est averti de sa présence[8] que par le mal qu'il fait, et on voit bientôt les sommités des branches se flétrir, les feuilles se faner, se pencher languissamment vers la terre, les rameaux se flétrir ensuite et enfin mourir. En vain chercherait-on ce frêle et terrible animal sur les feuilles, entre l'écorce et dans les gerçures de la superficie ; il est dans le cœur même de la substance du bois, on ne peut l'en extirper qu'en coupant le bois même ; et si ce moyen est un remède, on doit dire qu'il est au moins égal au ravage.

Ce mal mérite d'autant plus d'attention qu'il s'étend particulièrement sur un grand nombre

---

8. L'insecte est toujours en-dessous des parties qui souffrent ; il descend constamment, et sa marche est de bas en haut. Si la moitié supérieure d'un rameau paraît flétrir, les jours suivants on observera que la portion inférieure qui avait d'abord eu sa vigueur naturelle, commencera à languir, les feuilles à se décolorer et à se pencher, alors que l'animal continuera sa marche.

d'espèces d'arbres à fruit, arbres qui, par-là même, nous intéressent plus particulièrement. L'électricité va nous fournir un remède sûr et des plus efficaces pour arrêter les progrès du mal, attaquer l'ennemi dans son fort, et le détruire dans sa mine même qui deviendra pour lui son tombeau.

L'expérience d'électricité connue sous le nom de Leyde, par la force de sa commotion, qu'on peut augmenter graduellement, est capable de tuer non seulement des lapins et des pigeons, mais des taureaux et des bœufs, lorsqu'on se servira de batteries électriques de grand volume et contenant un grand nombre de jarres électrisées. Elle pourra donc être employée avec de petits appareils pour tuer la larve tendre et délicate qui, pour se dérober aux impressions de l'air, est obligée de se tenir perpétuellement renfermée dans le cœur des arbres, dans celui des rameaux, des branches et des troncs mêmes.

Afin de réussir à tuer ces animaux dans le temps où ils commencent à manifester leurs ravages qui désignent assez l'endroit où est la larve, il suffit de faire la chaîne électrique avec deux simples fils de fer, et de mettre entre eux la partie de l'arbre où on soupçonne qu'est l'insecte. On ne doit pas craindre de prendre un espace plus grand, car l'expérience réussira aussi bien sur une grande étendue que sur une petite, et alors on ne courra aucun risque de manquer l'ennemi qu'on se propose de combattre. Supposons que, planche III, on soit assuré par les signes dont nous avons parlé, qu'il y ait un insecte dans l'arbre, entre B et C[9] ; dans ce cas, on place les fils de fer B, A, R et D, S, le premier en haut, le second en bas. Ensuite, on aura soin de faire communiquer l'un avec la surface extérieure d'une jarre ordinaire, chargée d'électricité, et l'autre avec la surface intérieure, ce qui est facile en pliant ces fils de fer pour les rapprocher de la jarre électrique. Alors, en déchargeant ce vaisseau où le fluide électrique surabonde, l'explosion traverse par la diagonale B-T la partie où est l'animal ; la violence de la commotion le fait périr sans retour et détruit le mal dans sa source. Si le ravage n'est pas porté à un certain point, l'arbre se rétablit bientôt, comme je l'ai observé ; mais quel que soit l'effet du rétablissement dans certaines circonstances,

---

9. Afin qu'il y ait moins de confusion dans les figures, nous choisissons pour exemple des portions de troncs d'arbres. Mais la préparation de l'expérience est la même pour des parties de branches différemment situées.

le mal n'augmente pas, ne fait plus de progrès, et c'est toujours un grand avantage de l'avoir arrêté dans sa marche.

Plusieurs expériences que j'ai faites m'ont convaincu de l'efficacité de ce moyen : en coupant plusieurs branches sur lesquelles j'avais déchargé ma jarre ou bouteille de Leyde, j'ai constamment observé l'animal mort ; et on ne manque jamais de le faire périr lorsque la distance entre les deux extrémités des fils de fer n'est pas trop grande, lorsqu'on a eu soin de les rapprocher ou éloigner successivement, en répétant plusieurs fois la commotion.

La bouteille dont on se sert ne nuit point à l'économie végétale, parce que ses dimensions ne sont pas trop grandes, et qu'on n'emploie point de batterie. La commotion électrique, donnée dans de certaines bornes, est utile aux animaux ; elle ne peut donc pas être nuisible aux plantes dans les mêmes circonstances.

Cette opération n'est point longue, même sur un grand nombre d'arbres, mais si on veut encore l'abréger, voici pour cet effet un moyen que j'ai imaginé, par lequel l'expérience se fera dans le même instant sur tous les arbres d'un verger, par exemple, et sa durée ne sera pas plus grande que si on n'opérait que sur un seul arbre. Il suffira d'avoir un nombre convenable de fils de fer et de les disposer, comme on l'a fait pour le premier arbre dont nous venons de parler, et de même qu'on le voit dans la figure de la planche III. Tous ces arbres forment ainsi une chaîne électrique, et le fluide, dans l'explosion de la bouteille, parcourra les espaces A, B, C, D, S, E, F, G, H, I,K, L, M, N, O, P, Q, etc. Lorsqu'on déchargera à l'ordinaire la bouteille, pourvu qu'on ait soin d'observer ce qui est essentiel, que l'extrémité libre du premier fil de fer touchant la surface extérieure de la jarre électrisée, le bout du dernier fil de fer communique avec l'intérieur de cette bouteille chargée. Les fils de fer, comme on sait, ne doivent point être isolés.

Si la larve est dans une racine, le procédé est à peu près le même : en ôtant un peu de terre pour un instant, on mettra facilement dans la chaîne les racines affectées. Mais si on ignore quel est en particulier le rameau de la racine qui est attaqué, sans déchausser l'arbre, on se contentera d'insérer dans la terre deux fils de fer opposés dans leurs directions, et de compléter ensuite l'expérience de Leyde, ce qui est facile. Après avoir placé ces deux fils de fer nord et sud, on pourra ensuite la répéter en les mettant est et ouest ; alors, on

ne manquera pas l'insecte, surtout si, pour
embrasser plus d'espace, on enfonce un fil de
fer plus que l'autre, car, dans ce cas, le fluide
électrique décrirait une diagonale, comme
nous l'avons montré en parlant des tiges.

Ce moyen sert non seulement à empêcher les progrès du mal, mais, en un sens, il peut le prévenir. Pour les insectes destructeurs dont nous parlons, il y a des époques comme pour les plantes : les uns et les autres ont des temps marqués pour leur naissance, leurs développements, leur accroissement, leur multiplication, relativement à leur genre et à leur espèce. Lorsque la saison sera venue où les insectes, les larves et autres animaux attaquent les plantes, on emploiera par précaution le moyen que nous avons indiqué ; et en le répétant de temps en temps pendant un certain intervalle de temps, on réussira à préserver les arbres des ravages des insectes. Ce procédé n'est ni long ni dispendieux ; pourquoi n'y aurait-on pas recours pour ces arbres curieux et rares qu'on fait venir de loin à grands frais, pour ces arbres précieux qui nous donnent chaque année des fruits délicieux ? Ne serait-on pas bien dédommagé de quelques petits soins par la conservation de ces végétaux si utiles, que nous aurions la satisfaction de voir couronnés de fleurs, et ensuite chargés de superbes fruits, aliments mille fois plus salutaires[10] que ceux qui nous

______

10. C'est une vérité reconnue depuis bien longtemps. « L'homme, dit M. Durande, un de nos habiles professeurs

sont fournis par l'art empoisonneur si chéri de nos Apicius modernes[11].

---

de botanique, n'est point fait pour vivre de viande seules, qui, vu le prolongement du conduit alimentaire entrecoupé de bandes ligamenteuses, lui procureraient, par leur séjour, une pléthore funeste, ou dégénèreraient en une putréfaction destructive. Les végétaux moins nourrissants cèdent avec facilité aux organes digestifs, et forment une espèce de savon propre à unir celles de nos humeurs qui semblent se fuir réciproquement, quoique leur division nous plonge dans un état de maladie le plus terrible. Leurs sucs plus légers, plus délicats, pourvus de sel fixe, sont moins susceptibles de cette chaleur extrême, de cette volatilisation qui répand partout les miasmes putrides et pestilentiels des substances animales... Comment pourrait-on n'être pas plutôt séduits par l'exemple de ces peuples forts et vigoureux, qui ne vivaient que d'herbages, comme les Perses, lorsque, conduits par Cyrus, ils vainquirent les Assyriens ; par l'exemple de ces héros de l'Antiquité qui, comme Épaminondas de Thèbes, Aristides, Périclès, Manius Curius, l'empereur Probus, ne vécurent que de végétaux, et portèrent cependant au plus haut point la force et la bravoure ; enfin, par l'exemple d'Auguste, par celui d'Horace, qui nous apprend qu'il vivait d'olives, de chicorée, de mauve ? *Me pascunt olivae, me cichorea levesque malvae.* »
11. Trois Romains de ce nom se sont rendus non pas célèbres, mais fameux par l'art de raffiner la bonne chère ; l'un d'eux fut chef d'une académie de gourmandise, place dont il s'était rendu digne par son traité *De gula irritamentis*. « Après avoir fait des dépenses prodigieuses pour sa bouche, il crut que 250 mille livres ne suffiraient pas à son appétit, et il s'empoisonna. » Les autres ne se sont pas moins distingués, dans ce genre d'homicide.

Pour achever de démontrer l'avantage du moyen que nous avons proposé, il suffit de constater trois choses : la première, que le mal produit par les insectes et surtout par les larves de ces animaux, est très réel et très grand ; la seconde, que le moyen indiqué est de la plus grande efficacité ; et la troisième, qu'il n'y a aucun moyen connu, différent de l'électricité qui soit capable d'y remédier.

En parcourant les ouvrages des naturalistes qui ont traité des insectes, on verra que souvent ils font mention des ravages que produisent les insectes et leurs larves, soit qu'ils s'insinuent dans le cœur des arbres ou sous leur écorce. Le chevalier Linné et M. Geoffroi, célèbre entomologiste de Paris, ont fait quelquefois remarquer les dommages que les insectes causaient aux végétaux. L'illustre M. Guéneau de Montbeillard, dans le grand ouvrage qu'il prépare sur les insectes, et qui doit faire partie de l'immortel ouvrage *De l'Histoire naturelle, générale et particulière*, ne manquera pas de nous donner tous les détails possibles sur ce sujet.

Personne n'ignore que la larve du *platycerus* ou cerf-volant, qui se loge ordinairement dans l'intérieur des arbres, les ronge et les détruit dans une espèce de tan[12]. La larve du capricorne (*cerambyx*) se trouve toujours dans la substance même des arbres qu'elle perce, réduit en poudre et fait périr. Celle de la grande biche en fait autant, principalement dans le tronc des frênes. Les larves des panaches (*ptilini*) se pratiquent dans le bois même des trous profonds ; celles des hannetons, si connues des jardiniers sous le nom de *vers blancs*, rongent les racines des arbres, les troncs mêmes, et bientôt les font périr ; les larves des scarabées émeraudines produisent les mêmes effets ; celles des vrillettes (Byrrhus ; Geoffr. et Dermest. Linn.) attaquent aussi les arbres de nos campagnes et de nos jardins, et y font les plus grands dommages ; celles des stencores, des taupins (*elater*), de quelques phalènes, etc. sont également destructives. Linnaeus dit : « scarabaeorum hirsutorum larva sub radicibus plantarum degunt et easdem consumunt » (*Systema natur.* tome I, partie II, page 553.) et ailleurs : « dermestes exedunt ligna », etc. Les ravages que les insectes exercent sur les arbres de tous genres, soit qu'ils servent à la nourriture de l'homme, soit qu'ils soient employés à son logement et aux

12. N.d.É. : Poudre d'écorce de chêne, utilisée en tannerie.

différents arts[13], ces ravages sont donc réels et
très considérables.

Le moyen que nous avons proposé est des
plus efficaces, puisqu'il va chercher l'ennemi
jusque dans les replis les plus cachés du tissu
ligneux, et qu'il est capable de tuer l'animal dans
le cœur même des arbres, sous l'écorce quand
il s'y trouve, dans les branches, dans l'intérieur
des racines, ainsi que nous l'avons fait voir ci-
devant. J'ajoute qu'il n'est aucun autre moyen
connu : comment, en effet, aller chercher sous
l'écorce d'un arbre un ou quelques insectes qui
le rongent et le détruisent ? Ne faudrait-il pas le

---

13. Il règne dans presque toutes les Cévennes « une
maladie épidémique sur les mûriers, qui en fait périr une
quantité prodigieuse : on l'appelle la maladie du mercure,
parce que le peuple s'imagine qu'il y a des mines de ce
minéral en-dessous des mûriers qui périssent. Le mal se
manifeste toujours par le sommet de l'arbre, mais d'un
seul côté, et pour l'ordinaire, du côté du midi. Les feuilles
commencent à se faner et à devenir jaunes au sommet
des branches supérieures, le mal gagne insensiblement
les branches inférieures, et peu à peu l'écorce se des-
sèche et forme une fente ou plaie qui descend jusqu'à
ta racine ; cette plaie s'élargit ensuite considérablement,
et l'arbre meurt. Cette maladie est occasionnée par des
insectes qui s'établissent entre l'écorce et l'arbre, qui se
nourrissent de la sève et en interceptent la circulation.
« On reconnaît aisément l'endroit où ces insectes résident,
en frappant avec un marteau sur l'arbre de toutes parts,
jusqu'à ce qu'on trouve un endroit où l'écorce résonne. »
Journal d'agriculture, etc. mars 1781, p. 11.

dépouiller entièrement de son écorce ; et, dans ce cas, le remède ne serait-il pas souvent pire que le mal ? Par quel moyen pénétrer jusque dans le cœur de l'arbre ? L'instrument qu'on emploierait pour couper et trancher, n'ajouterait-il pas au mal même, surtout dans les commencements du progrès ? Comment aller fouiller dans l'intérieur des racines ? L'arbre déchaussé ne souffrait-il pas, surtout dans les grandes chaleurs où la transpiration plus abondante doit rendre nécessaire une nourriture dont la quantité soit au moins égale ? Aussi, le célèbre Linné, frappé des maux que les larves des insectes font surtout aux arbres fruitiers, s'écriait : « Qui pourra nous délivrer de ce fléau ? » *Quis posset liberare arbores fructiferas a larvis*.

Chapitre IV

*Des maladies des végétaux,
des moyens d'en guérir plusieurs
par l'électricité,
et de la méthode de les électriser*

On ne peut révoquer en doute que les plantes soient sujettes à différentes maladies : tous les auteurs en parlent, et il n'est aucun observateur qui n'ait remarqué que le nombre de ces maladies est très grand, très varié, qu'il en est quelques-unes de communes à tous les végétaux, et d'autres qui sont particulières à certaines espèces[14]. Rien ne doit surprendre en cela : les plantes ont des corps organisés

---

14. Pour en avoir une idée, il aurait fallu assister aux leçons des maladies du bled, par exemple, que M. Cadet de Vaux a faites en 1782 avec le plus grand succès, dans le cours de boulangerie de Paris, dont l'institution, qui est de la plus grande utilité, devrait avoir lieu dans toutes les provinces. Déjà, dans plusieurs, on a appelé, pour des établissements de ce genre, MM. Parmentier et Cadet de Vaux, auxquels cet art a tant d'obligations. On connaît *le parfait Boulanger* du premier, etc. Il n'est peut-être pas de plantes qui n'éprouvent des maladies particulières ; celles qui servent à nos besoins suffiraient seules pour occuper un observateur laborieux ; mais ici nous ne pouvons que parler en général des affections communes des végétaux.

comme les animaux ; le système organique et l'économie vitale sont à peu près les mêmes ; des fibres, des membranes, des canaux, des vaisseaux divers, des fluides différents, des mouvements organiques, des fonctions multipliées, la nécessité de se nourrir, de transpirer, etc. Tout cela montre que les lois par lesquelles l'un et l'autre système sont réglés, ne diffèrent pas essentiellement dans l'objet qui nous occupe actuellement, celui des maladies. En effet, un être qui naît, qui vit et tend rapidement à sa destruction, c'est-à-dire, à la mort, doit être sujet à une multitude d'altérations, de changements d'état bons ou mauvais, surtout lorsqu'il est environné de mille causes destructrices et qu'il dépend de l'influence de plusieurs éléments sujets à un grand nombre d'alternatives et de vicissitudes différentes, qui tour-à-tour se succèdent. Ces causes, séparées ou réunies, sont celles qui exposent à tant de maladies les animaux en qui nous remarquons, comme dans les végétaux, un corps organisé, propre pendant la vie à différentes fonctions. « Les végétaux, dit M. Du Hamel, doivent même être sujets à quantité de maladies ; car, dans une mécanique aussi fine et aussi composée, les moindres dérangements doivent se rendre sensibles par des symptômes qui annoncent que les plantes qui les éprouvent sont dans un état de souffrance. »

Les maladies des plantes sont à peu près semblables à celles des animaux, et, par conséquent, il est nécessaire d'employer les mêmes dénominations pour exprimer celles qui affligent les végétaux. Si, dans les animaux, il y a des pléthores, des hémorragies, des inflammations, des ulcères, etc. il y en a également parmi les végétaux. Comme ces sortes d'idée sont opposées au préjugé vulgaire, et que d'ailleurs elles ont des rapports avec ce que je dirai bientôt, je crois qu'il est à propos d'en prouver ici, en peu de mots, la réalité par le témoignage d'un savant du premier ordre, qui a fait toute sa vie une étude particulière de tout ce qui a rapport aux plantes.

L'illustre M. Du Hamel, dans la *Physique des arbres*, tome II, dit : « Les plantes ont continuellement besoin de nourriture ; si ce secours vient à leur manquer, elles deviennent malades d'inanition ; leurs feuilles se fanent, se dessèchent et tombent : ces accidents annoncent ordinairement qu'elles manquent d'eau ou qu'elles éprouvent une trop grande transpiration... Si, d'un côté, le défaut d'eau occasionne l'inanition des plantes, d'autre part, la trop grande abondance de ce fluide produit d'autres désordres : les feuilles, quoique vertes et épaisses, se détachent des arbres ; les fruits sans goût pourrissent avant de parvenir à leur maturité, et les symptômes de cette espèce de pléthore augmentent toutes les fois que la transpiration est trop diminuée ; les pousses restent herbacées et périssent pendant l'hiver, ou bien le mouvement de la sève se trouvant trop lent, les liqueurs se corrompent et les plantes pourrissent (page 338.) J'ai eu lieu d'observer, continue-t-il, une malade pléthorique d'un autre genre. Des ormes à larges feuilles plantés dans un terrain gras, après avoir prospéré quelque temps, périrent ; et la cause de cette mort était une eau rousse, assez abondante entre le bois et l'écorce, à l'endroit où doivent se former les couches corticales et les couches ligneuses Cette abondance de sève avait rompu le tissu cellulaire et s'était extravasée entre le bois et l'écorce, où, par un trop long séjour, elle s'était corrompue et avait fait périr les arbres... Les vieux ormes, les noyers et quelques autres arbres sont encore sujets à des maladies qui proviennent de l'extravasion de la sève, maladie mortelle au bout de quelques années. Il y a des extravasions du suc propre des arbres, qu'on peut regarder comme des espèces d'hémorragies, mais cet accident leur est souvent plus utile que nuisible. On le remarque particulièrement sur les arbres dont le suc propre est résineux ou gommeux, comme les cerisiers, les amandiers, les pruniers, les pêchers, les pins, les sapins, les térébinthes. On convient que les inflammations qui arrivent dans le corps des animaux procèdent de l'éruption du sang dans les vaisseaux lymphatiques. Or, on remarque, surtout sur les arbres gommeux et résineux, que le suc propre s'introduit quelquefois dans les vaisseaux lymphatiques, et qu'il y occasionne des obstructions qui font périr toute la partie des branches, ou des arbres, qui est au-dessus de ce dépôt de gomme ou de résine. » *ibid*.

Outre les maladies intérieures, il y en a plusieurs qui ont leur siège sur les organes extérieurs de la plante et qui sont plus du ressort de la chirurgie végétale que de la médecine végétale. Mille accidents occasionnent aux plantes des plaies ; si on les néglige, elles augmentent et guérissent difficilement ; en y apportant de prompts secours, on arrête l'exfoliation, elles se referment et se cicatrisent bientôt. Ces secours sont de tenir les plaies à l'abri du contact de l'air, de ne pas se servir, pour les emplâtres et les onguents qu'on applique, des graisses, des absorbants, des caustiques, des spiritueux salins, mais des matières balsamiques, ainsi que le recommandent les auteurs. « Les arbres, dit M. Du Hamel, sont quelquefois attaqués d'ulcères, qui sont plus aisés à guérir lorsqu'ils ont peu d'étendue : alors l'écorce se détache du bois dans quelques parties du tronc, et l'on voit suinter entre le bois et l'écorce une sanie corrosive qui endommage les parties voisines, et fait que le mal se communique de proche en proche : l'on appelle *chancres* ces espèces d'ulcères corrosifs. »

Comme nous en sommes sur cet article, j'ajouterai qu'il y a plusieurs maladies chirurgicales parmi les plantes qui dépendent de divers accidents. Des branches d'arbres ont-elles été cassées, on remédie aux fractures, comme pour les os des animaux : on emploie des éclisses assujetties avec des bandelettes jusqu'à ce que les os de la plante, je veux dire le corps ligneux brisé, se soit consolidé.

On ne doit pas s'attendre à nous voir donner ici un tableau nosologique complet des maladies végétales[15] ; nous en présenterons seulement une esquisse, relativement à l'objet de cet ouvrage. Les maladies des plantes dépendent des accidents, ou sont des maladies proprement dites. Les accidents viennent des gelées, des insectes, des vents qui brisent les branches d'arbres et de quelques autres causes semblables. Les maladies proprement dites ont leur siège à l'extérieur, comme les plaies, les ulcères, etc. qui peuvent avoir leur cause dans un vice interne des humeurs : on peut les appeler affections de la superficie, ou bien elles ont leur siège dans les organes intérieurs des végétaux ; et dans ce cas, elles ont rapport à la quantité ou à la vitesse des sucs nourriciers. S'il y a excès dans la quantité, les végétaux ont des maladies pléthoriques, qui quelquefois résultent d'un défaut de transpiration ; s'il y a défaut dans la quantité, les plantes tombent dans l'inanition occasionnée par la sécheresse ou par la maigreur du terrain. Le mouvement des sucs est-il trop rapide ? L'inflammation,

---

15. C'est une matière très vaste et sur laquelle il y a bien peu de données. Pour obtenir des succès dans ce genre, il faut diriger ses recherches successivement sur certaines classes, et imiter un des savants les plus profonds de la capitale, M. l'abbé Teissier, de la Société royale de médecine, dans son excellent traité *Des maladies des grains*.

l'extravasion, les hémorragies (ces effets peuvent aussi dépendre de la pléthore) se déclarent ; est-il trop lent ? Les obstructions, l'épaississement de la lymphe, la paralysie végétale en sont les suites ; en voici le tableau :

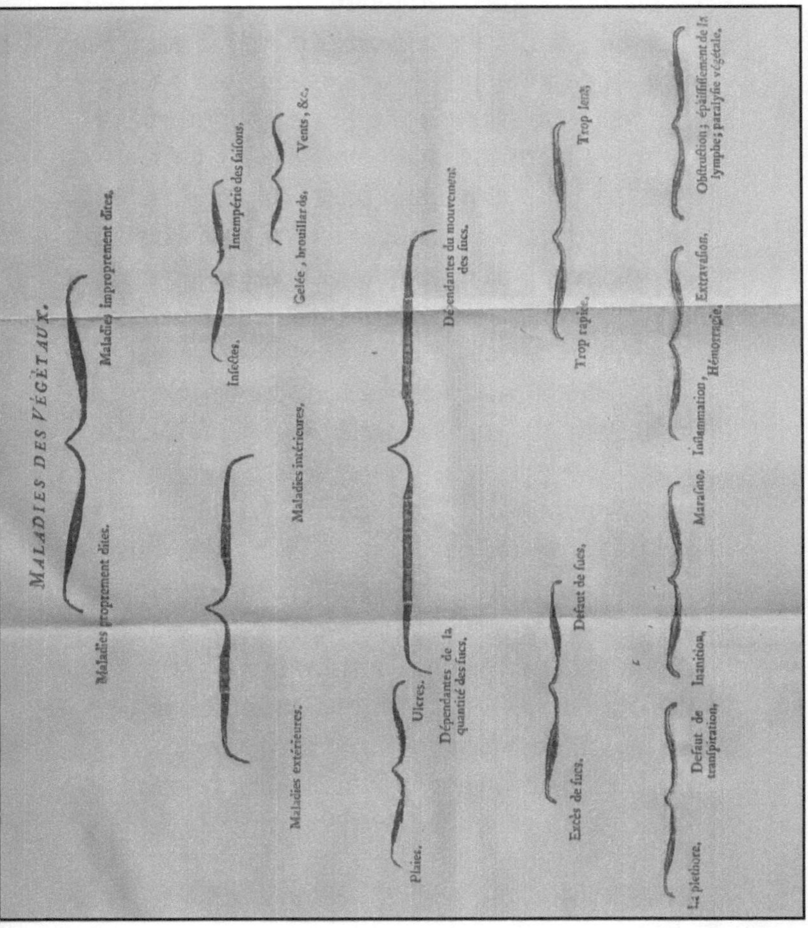

Les maladies des plantes ne sont pas si nombreuses que celles de l'homme : les végétaux n'ont ni ces maladies de l'esprit, ni ces maux de l'âme qui nous déchirent si cruellement. Jamais agités par la crainte, ni tourmentés par l'ambition, ou dévorés par l'ennui ; sans être en proie aux tristes effets qui en dépendent, ils remplissent leur paisible et heureuse destinée. Les accidents qui les affligent sont les suites nécessaires de ces causes destructrices dont le monde est rempli ; mais, privés pour leur bonheur de cette imagination si ingénieuse à nous tourmenter, de ces passions qui nous tyrannisent, ils sont exempts de cette cohorte nombreuse de maux et de maladies de tout genre qui nous assaillent de toutes parts. On ne voit chez eux ni ces spasmes ou vapeurs, ni ces délires ou démences, ni ces cachexies, etc. dont nous sommes les artisans féconds ; aussi, les remèdes qu'on leur applique sont-ils plus efficaces ; et, souvent, par la force et la bonté de leur constitution, ils surmontent sans les secours de l'industrie humaine les obstacles qu'ils ont à vaincre. Mais dès que la main de l'art les a arrachés à la nature, le nombre des maux augmente et il est nécessaire de réparer tous ceux qu'ont produits la culture et l'éducation.

Lorsque les maux sont les mêmes, les remèdes semblables doivent être appliqués : on ne sera donc point surpris que l'abbé Roger Schabol ait osé proposer la saignée pour les plantes, principalement dans les cas de pléthore ; idée hardie et pleine de génie, qui ne peut guère être bien appréciée que par ceux qui auraient été en état de l'enfanter. Il faut voir dans les ouvrages de ce célèbre agriculteur tous les préceptes qu'il donne relativement à la saignée des plantes : on peut dire qu'il a créé l'art de la phlébotomie végétale, et qu'il l'a en même temps porté tout à coup à sa perfection. La médecine et la chirurgie végétale lui doivent beaucoup ; il nous a fait connaître un grand nombre de maladies des plantes que nous ignorions avant lui, ainsi que plusieurs remèdes salutaires[16].

---

16. Afin de faire encore mieux connaître les obligations que la science agricole doit à l'abbé Roger Schabol, nous croyons qu'il est à propos de présenter de nouveau une notice sur cet homme célèbre. Par une de ces idées heureuses qui n'appartiennent qu'à des esprits vastes et à des philosophes, « il chercha dans l'anatomie humaine, dans la pharmacie, la chirurgie et la médecine, la solution de divers problèmes de la végétation, l'explication de plusieurs phénomènes de l'intérieur et de l'extérieur des plantes, des remèdes pour la guérison de leurs

Ces principes supposés, il me paraît qu'on peut établir non seulement une pathologie, une nosologie, une thérapeutique, une hygiène, etc. végétales, mais encore une nosologie, une thérapeutique, etc. électrico-végétales : car les plantes sont si semblables aux animaux dans leur organisme, dans leurs maladies, etc. que les remèdes bons pour les uns ne peuvent qu'être salutaires aux autres. Notre objet n'est pas de traiter des maladies des plantes en général, encore moins en particulier ; il n'est pas non plus de nous étendre beaucoup sur

maladies, etc. Sous sa main, les végétaux semblèrent en quelque sorte s'embellir. Il les traita comme les corps humains, en les assujettissant à la diète et à l'abstinence, en les saignant et les scarifiant, en leur appliquant des topiques, des cataplasmes, des appareils ; en employant les éclisses, les bandages, les ligatures. Cette méthode paraîtra folle à quiconque ne l'admirera pas ; l'expérience même ne détruira qu'à la longue les préjugés contraires. La saignée des arbres est utilement pratiquée depuis plus de cinquante ans à Montreuil : elle avait été proposée par le chancelier Bacon et dans les *Actes philosophiques de la Société Royale de Londres*. Le célèbre Boerhaave guérit, par divers ingrédients, de gros arbres de la promenade publique de Leyde, qui avaient été sciés à quatre pieds de haut et à moitié de leur diamètre. Enfin, le traité de M. l'abbé Roger Schabol sur *L'Analogie entre les plaies des végétaux et celle des animaux*, a mérité la plus honorable approbation de l'Académie royale de chirurgie de Paris, Ce grand agriculteur eut l'honneur, en 1762, de recevoir, à Choisy, de Sa Majesté, les éloges les plus flatteurs. »

la thérapeutique électrico-végétale, parce qu'il est facile d'appliquer aux végétaux ce qui a été dit dans les cas semblables pour les animaux. Nous nous proposons seulement d'en montrer ici le rapport en peu de mots.

L'électricité augmente la transpiration des végétaux comme celle des animaux ; nous avons suffisamment prouvé cette assertion dans la seconde partie. Il est donc naturel d'appliquer l'électricité aux végétaux qui auraient des maladies résultantes d'un défaut de transpiration ; c'est alors combattre directement la cause du mal. Ce remède peut même être appliqué immédiatement en électrifiant des plantes rares et précieuses contenues dans des vases, ou médiatement en plaçant devant des végétaux, et même des arbres qu'on veut conserver ou rétablir, un corps quelconque électrisé ; car on sait que dans ce dernier cas, l'effet est le même et que les végétaux présentés à des substances isolées et électrisées diminuent de poids, ainsi qu'il est constaté par des expériences de l'abbé Nollet.

Quelques-unes des maladies occasionnées par certains brouillards, plusieurs ulcères, etc. pourront être guéries par l'un ou l'autre moyen, surtout si on dirige l'électricité du côté des parties affectées ; parce qu'alors l'évaporation des liquides viciés aura lieu, et que les molécules virulentes seront chassées des organes qui en étaient affectés[17].

En plaçant les végétaux près des corps électrisés, ou lorsqu'ils sont immobiles, en mettant devant eux des conducteurs aqueux isolés et électrisés, on remédiera à l'épuisement produit par l'inanition ; les plantes seront nourries, soit par les vapeurs et les substances aqueuses qui s'échapperont des conducteurs soumis à la vertu électrique ; d'ailleurs, la matière électrique qui en sortira, et qui, comme nous l'avons dit, dans son état de fixation et de combinaison est un aliment des plantes, contribuera encore à leur nourriture. Ce remède doit être employé dans tous les cas de ce genre, lorsque les simples arrosements et les engrais ne suffisent pas. Il ne faut pas alors électriser immédiatement les végétaux, parce que l'électrisation, en augmentant la transpiration, pourrait rendre l'inanition et l'épuisement plus considérables.

---

17. Il y a cependant parmi les végétaux, comme chez les animaux, des maladies incurables, que tous les remèdes de l'art ne sauraient guérir.

Dans le cas de pléthore, si on craint que la saignée ne soit nuisible, ou si cette espèce de phlébotomie végétale ne suffit pas, on aura recours à l'électricité qui, par l'évaporation des liquides surabondants qu'elle procurera, diminuera la plénitude des vaisseaux séveux et lymphatiques ; alors le jeu des fonctions végétales s'exécutera avec plus de liberté.

Si les extravasions et les hémorragies étaient nuisibles, il faudrait bien se garder d'appliquer l'électricité aux plantes en qui on remarquerait ces accidents fâcheux ; mais si ces évacuations étaient salutaires, ce qui arrive dans certaines occasions, il serait utile d'aider ces efforts de la nature.

Lorsqu'il y a obstruction et épaississement de la lymphe, qu'elle est arrêtée dans sa marche, que des engorgements se forment, etc. il est nécessaire de mettre en jeu le fluide électrique pour combattre et dissiper ces obstacles. Le mouvement des liquides étant accéléré dans les tuyaux capillaires[18] par le moyen de l'électricité, le sera aussi relativement aux fluides nourriciers qui sont contenus dans les végétaux ; ces fluides seront divisés et atténués

---

18. Voyez dans l'ouvrage de *L'Électricité du corps humain*, page 164 et 170, de l'édition in-12, la belle expérience de siphon, dont une extrémité est capillaire.

par le fluide électrique, et l'épaississement des humeurs, leur engorgement et les obstructions qui en résultent seront dissipés par ce remède actif et pénétrant. Il en est de même des autres maladies qui dépendent de ces causes ou d'autres semblables, comme la paralysie végétale, et qui seront mieux connues lorsque l'anatomie et la physiologie des végétaux aura fait plus de progrès.

La méthode d'électricité pour les plantes ne différant pas de celle qui est pratiquée pour les animaux, nous renvoyons à la section III de notre traité de *L'Électricité du corps humain, en état de santé et de maladie*, p. 361, jusqu'à la page 401, édit. in-12 ; on y verra ce qu'il est nécessaire de savoir sur les méthodes d'électriser par bain, par impression de souffle, par aigrettes, par étincelles et par commotion ; on y trouvera ce qui a rapport aux machines électriques négativement, etc. Lorsque les plantes sont dans des vases ou dans des caisses qu'on peut facilement isoler, on les électrise de la même manière ; et ce qui est prescrit pour l'homme, doit être observé quand il s'agit des végétaux. On peut donc les placer sur un isoloir qui communique avec le conducteur de la machine électrique, on peut tirer des étincelles et leur donner quelquefois des commotions ordinaires et proportionnées à leur force, et, si je puis parler ainsi, à leur tempérament : cette matière étant très connue, il est superflu de s'y arrêter plus longtemps.

Mais lorsque les végétaux qu'on veut électriser sont en pleine terre, il paraît que l'électrisation est plus difficile ; alors, il faut placer devant les plantes un conducteur isolé et électrisé. La plupart des effets sont dans ce cas les mêmes, ainsi que nous l'avons fait voir ci-devant. L'évaporation, la transpiration sont les mêmes. On peut encore, en approchant de plus près le conducteur, décharger des étincelles sur les plantes, et principalement sur les parties malades et affectées : les commotions peuvent être données à l'ordinaire, parce que l'isolement n'est pas nécessaire pour faire cette expérience.

Afin que les étincelles qu'on voudrait exciter sur les végétaux, soit qu'on les ait isolés, soit qu'ils communiquent avec le réservoir commun, c'est-à-dire, la terre ; afin que ces étincelles aient plus de force et d'efficacité, il faut couvrir d'une lame de métal quelconque la partie végétale d'où on veut les tirer, ou sur laquelle on désire les faire tomber. Après cette préparation, elles seront plus vives, plus éclatantes, plus énergiques ; sans cela, elles seraient très faibles, quoique la machine fût excellente, et le temps très favorable à l'électricité.

FIN.

EXTRAIT DES REGISTRES

De la Société Royale des Sciences de Montpellier.

Du 1er. Juin, 1783.

Messieurs GOUAN, CHAPTAL & BROUSSONET qui avoient été nommés pour examiner l'Ouvrage de l'*Électricité des végétaux*, par M. l'Abbé BERTHOLON ; en ayant fait un rapport des plus avantageux, duquel il résulte que cette production neuve en son genre, contient un grand nombre d'observations & d'expériences intéressantes, ingénieuses & décisives ; & que la clarté, l'ordre, une rigoureuse dialectique & des applications utiles à la haute agriculture qui le caractérisent, doivent mériter à l'auteur les éloges & la reconnoissance du public, en même tems que l'approbation de la Société Royale : la compagnie a jugé que cet ouvrage devoit paroître sous son privilege : En foi de quoi j'ai signé le présent certificat. A Montpellier, le 5 Juin 1783.

DERATTE,
Secretaire perpétuel de la Société Royale des Sciences.

TABLE DES MATIÈRES